Un livre de Nicholas Harris, Sarah Hartley
et Erica Williams (Orpheus Books Ltd.)

Texte de Nicholas Harris
Illustrations de Simon Mendez (Advocate Art Agency)
L'illustration de l'okapi est de Ian Jackson (The Art Agency)

Pour le Canada
© Les éditions Héritage inc. 2010
Traduction de Florence Miglionico

Imprimé en Chine

Nous reconnaissons l'aide financière du gouvernement du Canada,
par l'entremise du Programme d'aide au développement de l'industrie
de l'édition (PADIÉ), pour nos activités d'édition.

ISBN : 978-2-7625-9056-2

Quel ANIMAL suis-je?

Nicholas Harris et Simon Mendez

EH **Héritage jeunesse**

À qui sont ces rayures?

Je suis le plus gros chat de la planète.
Mes mâchoires sont puissantes et pleines
de dents pointues. Peux-tu deviner
qui je suis?

Un tigre!

Lorsque j'aperçois ma proie – un cerf, peut-être –
je m'approche d'elle tout doucement. Puis, quand je
suis tout près, je lui bondis dessus.
Mes dents et mes griffes
s'occupent du reste.

Qui fait jaillir l'eau?

Je suis le plus gros animal terrestre de la planète. J'ai une longue trompe et d'énormes oreilles. Je possède aussi de grandes défenses. Maintenant, je prendrais bien une douche. Peux-tu deviner qui je suis?

Un éléphant!

J'aspire l'eau avec ma trompe, puis
je m'arrose le dos avec. Là où j'habite,
il fait toujours chaud, c'est pourquoi
j'aime me rafraîchir dans l'eau.

À qui sont ces yeux?

Je suis un mammifère très rare. Je vis
dans les montagnes de Chine.
Le bambou est ma
nourriture préférée.
Peux-tu deviner
qui je suis?